NOTICE

SUR

SIGAUD DE LAFOND,

Par CHEVALIER DE SAINT-AMAND.

A BOURGES,

Chez VERMEIL, libraire-éditeur,

AU GRAND BOURDALOUE.

1841.

NOTICE

SUR

SIGAUD DE LAFOND.

NOTICE

SUR

SIGAUD DE LAFOND;

Par CHEVALIER DE SAINT-AMAND.

A BOURGES,

Chez VERMEIL, libraire-éditeur,

AU GRAND BOURDALOUE.

1841.

NOTICE

SUR

SIGAUD DE LAFOND.

———◆———

RIEN de plus contagieux que l'erreur. Nous n'avons à nous occuper ici que de l'erreur en biographie, et le sujet de cette notice, quelque restreint qu'il soit, suffirait pour prouver avec quelle facilité se propagent les mensonges historiques. Un contemporain de Sigaud de Lafond, Desessards, auteur des *Siècles Littéraires de la France*, trompé sans doute par les initiales J. A., dont il convertit la seconde en R., nomme notre savant physicien *Jean-René*. Quelques années après, M. Pérennès, continuateur de l'abbé de Feller, adopte l'erreur dont l'invention appartient à Desessards et l'accompagne d'une erreur plus grave encore, en transférant à Dijon le berceau d'un enfant de Bourges. Dans ce siècle où l'on écrit beaucoup, le mensonge circule avec une étonnante rapidité. M. Pérennès avait ajouté beaucoup de fautes à celle de Desessarts, et chose vraiment déplorable ! il a trouvé des échos dans le pays même où il était le plus facile de s'instruire de la vérité. Un article soi-disant biographique sur Sigaud de Lafond a paru dans un recueil imprimé dans le département du Cher, et cet article, véritable fatras, ajoute encore aux mensonges historiques que son auteur eût dû relever. Avec un peu de patriotisme et de réflexion, cet auteur se serait aperçu qu'il convenait d'examiner au moins, avant de la reproduire, une assertion qui enlevait au Berry une de ses gloires les plus récentes; mais il a trouvé plus expédient de copier au hasard ce qu'il paraît n'avoir pas compris: Heureusement il est temps encore de relever tant de fautes, et c'est ce que nous allons faire, appuyés que nous sommes sur des preuves incontestables.

Joseph-Aignan Sigaud de Lafond, associé de l'Institut de France et de plusieurs Académies nationales et étrangères, naquit à Bourges, le 5 janvier 1730, du mariage de Joseph Sigaud de Lafond et d'Anne Deville. Il fut présenté le jour même de sa naissance à l'église aujourd'hui détruite de Notre-Dame du Fourchault, *pour recevoir les cérémonies du baptême, ayant été ondoyé à la maison par nécessité.* Il eut pour parrain Aignan Raby, chirurgien, et pour marraine demoiselle Louise de Lafond. A ces indications si précises, puisées textuellement dans les registres de la paroisse du Fourchault, qui se trouvent aux archives de la mairie de Bourges, je puis ajouter, comme le tenant d'une source certaine, que la maison où naquit notre savant berruyer s'élevait sur l'emplacement qu'occupe aujourd'hui en partie le numéro 6 de la rue de la Porte-Jaune. Voilà bien des détails, sans doute; mais on n'en saurait trop admettre lorsqu'il s'agit d'assurer le triomphe de la vérité sur l'ignorance, l'erreur ou la mauvaise foi. La vérité n'est jamais indifférente, même dans les plus petites choses.

Le registre baptistère, dont nous avons presque entièrement copié tout ce qui concerne Joseph-Aignan, donne à son père la profession d'horloger; mais le fils nous fait encore mieux connaître l'auteur de ses jours, dans la courte notice qu'il a composée sur sa propre vie, et dont M. Louis Raynal, 1er. avocat-général, a bien voulu nous communiquer le manuscrit autographe. Cette auto-biographie est très succincte, et même incomplète; mais elle a le mérite de nous fournir sur une partie de la carrière de l'auteur, des renseignements que l'on chercherait vainement ailleurs, et qui réfutent victorieusement plusieurs assertions hasardées par le continuateur de Feller.

Le fils de Joseph Sigaud de Lafond dit de son père « qu'il était horloger très considéré par son intègre probité » et par l'étendue de ses talents: » ce qui nous a été confirmé par des contemporains du père et du fils. Celui-ci ajoute que celui-là « était connu comme littérateur, excel- » lent dessinateur, bon peintre, et auteur de quelques ou- » vrages de tour extrêmement délicats. » Voilà tout ce que nous savons du père; c'est sur le fils que doit se porter notre attention. Il fut d'abord destiné, comme lui-même nous l'apprend, à l'état ecclésiastique. Ses parents le placèrent, en conséquence, au collège de Bourges, que dirigeaient alors les jésuites. Quelle que soit l'opinion que l'on se

forme des enfants de Loyola sur des points encore plus es-
sentiels, toujours est-il que l'on n'a jamais contesté leur
habileté dans l'art d'instruire la jeunesse; Lafond fit de
bonnes études littéraires sous leur direction.

Ce fut pendant son cours de philosophie que naquit et
se développa rapidement son goût pour la physique. Après
qu'il eut terminé ses humanités, il dut, pour satisfaire à sa
destination primitive, se livrer à des études d'un autre
ordre; mais toujours préoccupé de sa science favorite, il
donnait à la physique tous les moments dont les exigences
de ses maîtres en théologie lui permettaient de disposer.
« La crainte, dit-il lui-même, de n'être pas doué de toutes
» les vertus qu'il regardait comme essentielles à un ecclé-
» siastique, fit avorter le projet de ses parents.... Ils lui
» laissèrent le choix d'un état; et il se décida pour la mé-
» decine, comme plus analogue à la science qui lui plaisait
» davantage. »

Il prit ses inscriptions à la faculté de médecine de
Bourges. C'est encore lui qui nous l'apprend, et son témoignage semble d'un tout autre poids que celui du biographe
bourguignon qui fait du docteur de l'université de Bourges
un chirurgien de l'hôpital de Saint-Cosme. Le jeune disciple d'Hippocrate fit de rapides progrès sous ses nouveaux
professeurs; il en donna pour preuves publiques « les leçons
» d'ostéologie que les jésuites, qui l'affectionnaient beau-
» coup, l'invitèrent à faire, à la fin de l'année, dans leur
» collége. »

Reçu docteur à Bourges, Sigaud de Lafond éprouva le
besoin d'aller se perfectionner à Paris dans la profession
qu'il venait d'embrasser. Il n'est pas sans vraisemblance
que la médecine ne fut que le prétexte dont il se servit auprès de ses parents, pour les déterminer à l'envoyer dans
la capitale : le caractère loyal de cet excellent homme
donne à croire qu'il employa ce moyen de la meilleure foi
du monde; mais ne peut-on pas conjecturer aussi qu'il
cédait, à son insu, si l'on veut, au penchant qui l'attirait
vers une science alors peu connue en province ? Ce qu'il
y a de sûr, c'est qu'une fois à Paris, le jeune Lafond y pra-
tiqua la médecine de son mieux, c'est-à-dire avec une
clientelle à peu près nulle, et qu'il devint un des auditeurs
les plus assidus de l'abbé Nollet, professeur royal de physique au collége de Navarre. Ce célèbre ecclésiastique est,
on le sait, un des hommes qui ont le plus rendu de ser-

vices à la physique, par les vues nouvelles dont il a enrichi cette branche des connaissances humaines, et particulièrement l'électricité.

Il n'est, parmi les favoris de la fortune, qu'un très petit nombre d'êtres privilégiés pour qui les richesses soient un moyen d'avancement dans l'étude des sciences et des arts; leur or est la plupart du temps employé à satisfaire des passions beaucoup moins nobles. La médiocrité, la pauvreté même, qui a besoin de se créer des ressources de tous les instants, sont peut-être plus favorables au développement des facultés de l'esprit qu'elles tiennent dans un exercice continuel. Lafond était dans ce dernier cas. Sans être précisément pauvre, son père ne devait la modique aisance dont il jouissait qu'à son travail et à son économie. Ce bon père était disposé à tous les sacrifices possibles pour assurer les besoins de son fils, qui nous apprend cette circonstance; mais, digne fils d'un excellent père, le jeune médecin encore peu employé mit à profit toutes ses connaissances pour n'être pas à charge à ses parents. Il se fit répétiteur de philosophie et de mathématiques au collége de Louis-le-Grand. Ce collége était, comme tant d'autres, confié aux pères de la compagnie de Jésus. Dans sa notice sur notre auteur, M. Méchin-Desquins dit que Lafond « sut résister aux jé-
» suites, qui, ayant deviné l'homme de génie, voulaient
» s'en emparer. » Si les instituteurs furent peu heureux dans leurs démarches auprès de leur élève, la justice veut que l'on ajoute qu'ils ne lui gardèrent pas rancune de son refus. Ce furent les jésuites du collége de Bourges qui le recommandèrent puissamment, ce sont ses propres termes, aux jésuites du collége de Louis-le-Grand. Sa situation fut dès lors considérablement améliorée. « Il acheta, c'est encore
» lui qui parle, des instruments, en quantité suffisante pour
» se former un cabinet capable de servir à des leçons sur
» quelques parties intéressantes de la physique. » Bientôt il fut en état de perfectionner les procédés usités avant lui dans une carrière où il ne faisait, pour ainsi dire, que d'entrer.

Ecoutons M. Méchin-Desquins, retraçant le premier service rendu à la science par Sigaud de Lafond. « Il eut l'heureuse idée, dit le modeste et estimable biographe, de substituer aux isoloirs connus sous le nom de *gâteaux électriques* l'isoloir de verre, qui donna des résultats si supérieurs; il commença par une grossière ébauche. On sait

qu'en physique on distingue les corps en deux classes, eu
égard à leur propriété plus ou moins conductrice du fluide
électrique. Dans la première sont ceux qui conservent le
fluide qu'on ne leur arrache qu'avec effort; tels sont le verre,
les résines, la soie; on les nomme idio-électriques. Dans la
seconde se trouvent ceux qui transmettent librement le
fluide à mesure qu'ils le reçoivent; on les nomme anélec-
triques. Pour transmettre à l'un de ceux-ci l'électricité
qu'il devra conserver, il faudra donc intercepter sa commu-
nication avec les autres corps non électriques, et ce fut pour
parvenir à ce but qu'on imagina l'*isoloir* sur lequel on plaça
le corps électrisé. Cet isoloir devait donc être idio-électri-
que; on le composa d'abord d'un mélange de résines, qu'on
nomma *gâteau*; mais Sigaud de Lafond ne tarda pas à en
reconnaître l'inconvénient. Il remarqua que ce mélange
s'amollissait pendant l'été, devenait friable et cassant pendant l'hiver. Il imagina donc de lui substituer un isoloir en
verre, qu'il composa d'abord, en 1749 (il n'avait alors que
dix-neuf ans), de quatre cols de bouteilles, servant de
pieds à une planche sur laquelle était placé le corps qu'il
voulait électriser. »

L'ordre chronologique auquel je me suis astreint m'a fait
intervertir légèrement celui qu'a suivi M. Méchin-Desquins;
mais, en poursuivant l'histoire de Lafond, j'ai à signaler,
en 1756, un autre perfectionnement qu'il opéra dans l'appareil électrique, et dont je laisserai M. Méchin rendre
compte. « Les divers appareils employés jusque là avaient
le double inconvénient de se prêter à l'humidité, essentiel-
lement contraire aux effets de l'électricité, et d'éclater au
visage de l'opérateur par l'effet du frottement... Lafond eut
le premier l'heureuse idée de substituer à ces appareils dan-
gereux le plateau circulaire de verre qui a depuis été gé-
néralement adopté. Trop pauvre alors pour donner à son
idée tout le développement qu'elle comportait, il se con-
tenta de faire percer un plateau de cristal *comme ceux dont
on se servait pour dresser les desserts.* Tel fut le premier
modèle de la machine électrique perfectionnée depuis par
l'opticien anglais Ramsden. »

En 1759, les jésuites lui conférèrent le titre de démonstrateur de physique expérimentale dans leur collège de
Louis-le-Grand. Il y faisait publiquement, dit-il, à la fin de
l'année scolaire, des leçons de physique expérimentale,
d'anatomie et de physiologie. Plus connu, ses cours parti-

culiers furent plus fréquentés ; son cabinet s'enrichit d'un plus grand nombre de machines. « Il abandonna alors (c'est » toujours lui qui parle) l'exercice de la médecine, pour » s'en tenir à l'enseignement de la physique expérimentale » et des mathématiques. L'université qui succéda aux jé- » suites, pour lesquels il conserva toujours une profonde » reconnaissance, ne le traita pas moins bien ; elle lui donna » d'abord des élèves en mathématiques, et l'année d'après » (1765) le choisit pour démonstrateur dans la plupart de » ses colléges. » Il avait déjà, en 1760, recueilli au collége de Navarre la succession de l'abbé Nollet, dont il avait été successivement l'élève, le collaborateur et l'ami.

Lafond publia son premier ouvrage en 1767 ; il est intitulé : Leçons de Physique expérimentale : Paris, 2 volum. in-12. Ce livre fut traduit en allemand en 1775. Dans la même année 1767, parurent du même auteur : Leçons sur l'Économie animale ; Paris, 2 volum. in-12. Il fit paraître, en 1769, le Cours de Physique expérimentale et mathématique, de Pierre Van Mussembroëk, traduit en français : Paris, 1769, trois volum. in-4°. Au milieu des nombreuses occupations de son multiple professorat, il sut trouver le temps de composer un calendrier physico-économique, pour les années 1770 et 1771 : Paris, in-12 ; un Traité de l'Électricité : Paris, 1771, in-12 ; une Lettre sur l'Électricité médicale : Paris, 1771, in-12 ; et la Description et Usage d'un Cabinet de Physique expérimentale : Paris, 1775, deux vol. in-8°. Cet ouvrage a eu une seconde édition en 1784, même format. L'auteur jugea devoir le compléter plus tard par les Eléments de Physique théorique et expérimentale, qui ont été traduits en espagnol par Taddeo Lope. En 1775, Lafond résigna son titre et ses fonctions de démonstrateur en physique à un neveu de sa femme Marie-Françoise Rouland, dont ce neveu portait le patronymique. L'ancien professeur se proposait alors de ne plus s'occuper que de travaux de cabinet ; il s'y livrait alternativement à Paris, qu'il n'avait pas encore abandonné, et à Bourges, où il ne se fixa définitivement qu'en 1782. Ce fut des expériences qu'il faisait à Paris, avec Macquer, que naquit « la » plus grande découverte des temps modernes, » suivant l'expression de M. Méchin-Desquins. « En 1776, poursuit le biographe de Lafond, occupés à étudier le gaz hydrogène, qu'on nommait alors *air inflammable*, ils reconnurent que sa combustion produisait de l'eau.... Sans doute il y a loin de ce premier jet de lumière aux grands résultats produits par l'appareil que Lavoisier imagina en 1783, mais il n'en reste pas moins démontré que l'honneur de la découverte appartient à Sigaud de Lafond. »

Affilié pour prix de ses travaux aux académies de Montpellier, d'Angers, de Munich, de Valladolid, de Florence, de Saint-Pétersbourg , etc., il aspirait, et jamais candidature ne fut mieux fondée en titres, à l'Académie royale des sciences. Il se mit sur les rangs et ne fut point élu. M. Méchin-Desquins dit qu'on lui préféra le professeur Brisson, et que cet échec, qu'il considéra comme une injustice, le dégoûta pour jamais du séjour de Paris. « Il revint dans sa ville natale , ajoute le biographe , chercher un repos qui lui était bien permis après une vie si occupée. » Je dois relever ici une légère inexactitude échappée à M. Méchin. Le naturaliste Brisson fut reçu à l'Académie des sciences en 1759, et Lafond nous apprend lui-même qu'il ne revint se fixer dans sa ville natale qu'en 1782. Il ne serait pas étonnant toutefois que la résolution de quitter Paris ne lui fût venue de la cause que lui attribue M. Méchin, bien entendu en changeant la date de la vacance du fauteuil académique et le nom de celui de ses concurrents qui l'emporta sur lui. Il y eut en 1782, deux élections à l'académie; les suffrages se portèrent sur Pierre-François-André Méchaïn et Jean-Nicolas Buache , ce que Lafond ne pouvait désapprouver : il ne suffisait pas de frapper une fois aux portes de l'académie pour les voir tout-à-coup s'ouvrir devant soi. S'il est permis de former une conjecture sur la candidature de notre savant compatriote, c'est qu'elle datait, en effet , de 1759, qu'elle avait été reproduite à plusieurs reprises, de 1759 à 1782, et qu'enfin l'aspirant, blessé de s'être vu préférer une trentaine de rivaux, parmi lesquels il s'en trouvait qu'il pouvait regarder sans vanité comme ses inférieurs en mérite, renonça dans son ressentiment à ses prétentions académiques, au séjour de la capitale, et même aux sciences qu'il avait cultivées jusqu'alors avec le plus d'amour.

Outre les ouvrages dont nous avons donné les titres plus haut, Lafond avait publié, en 1777, le Récit de ce qui s'était passé à la Faculté de Médecine de Paris, au sujet de la section de la symphise des os pubis, in-8o.; en 1779, un Discours sur les avantages de la section de la symphise dans les accouchements laborieux et contre nature. Ce sont probablement ces deux volumes qui l'ont fait mettre par le continuateur de Feller au rang des chirurgiens, comme s'il eût été interdit à un médecin de traiter une question qui occupait alors toute la faculté. Mais poursuivons la liste des ouvrages de Lafond antérieurs à son retour à Bourges. Il publia dans la même année 1779, Essai sur différentes espèces d'airs, qu'on désigne sous le nom d'air fixe : Paris, in-8°.; en 1780, son Dictionnaire de physique : Paris, in-8°.; en 1781, Précis historique et expériences des phénomènes électriques, depuis l'origine de cette découverte jusqu'à ce jour : Paris, in-8°. Ce précis eut une seconde édition en 1781. Enfin le Dictionnaire des Merveilles de la Nature termine la série des productions de l'auteur élaborées à Paris, où il fit imprimer ce Dictionnaire en deux vol. in-8°. Webel en a donné un traduction allemande en 1782 et 83. L'original a eu une seconde édition fort augmentée en 1802, trois vol. in-8°.

Nous croyons ne nous être pas trompés en avançant plus haut que dans le dépit qu'éprouva Lafond de s'être vu préférer, après de longues poursuites et des services incontestables, des concurrents qui n'avaient pas les mêmes titres, il bouda non seulement Paris, mais encore la science. En effet, ce n'est que dix ans après son retour à Bourges que nous le voyons revenir à des études auxquelles il devait sa renommée, mais qui avaient été pour lui la source d'amères tribulations. La religion et la philosophie peuvent seules adoucir les blessures que causent au cœur humain la ruine subite de douces et légitimes espérances, longuement caressées. Ce fut donc à la philosophie religieuse que s'adressa d'abord Sigaud de Lafond. Telle fut l'origine des trois ouvrages suivants : 1°. L'Ecole du Bonheur, ou Tableau des vertus sociales : Paris, 1782, in-12. Seconde édition augmentée, 1791, deux vol. in-12. 2°. La Religion défendue contre l'incrédulité du siècle, contenant un précis de l'Histoire-Sainte, précédée de quelques réflexions : Paris, 1785, six vol. in-12. 3°. L'Economie de la Providence dans l'établissement de la Religion, suite de la Religion défendue : Paris, 1787, deux vol. in-12. Achevée d'imprimer en 1787, cette dernière production de la plume de notre auteur, dans un genre qui n'était pas le sien, marqua la cessation de son ressentiment : il revint bientôt à ses premières amours.

Louis XVI, qui avait porté dans sa première jeunesse le titre de duc de Berry, avait conservé le plus tendre intérêt à la province qui avait fait la plus noble partie de son apanage. Entr'autres preuves qu'il lui donna de son affection particulière, il créa dans le collége royal de Bourges une chaire de physique expérimentale à laquelle il nomma Sigaud de Lafond, par brevet du 2 novembre 1786. Le professeur eut bientôt recouvré son activité première. Il reprit ses travaux de cabinet, et composa un nouveau traité sur la physique, dépouillé de cet appareil scientifique, qui eût effrayé les gens du monde, à qui l'auteur le destinait. Ce traité, intitulé Physique particulière, fut imprimé dans la Bibliothèque des Dames : Paris, 1792, in-12.

Cependant l'horison politique se couvrait de nuages, qui, de jour en jour, devenaient plus menaçants; les écoles ouvertes à l'instruction de la jeunesse allaient bientôt être fermées par le vandalisme; elles se ferment, et les élèves restent sans leçons, et les maîtres sans ressources. Soit que dès la fin de 1792 Lafond éprouvât les premières atteintes du besoin, soit (ce qui paraît plus vraisemblable) qu'il redoutât les visites domiciliaires, alors si fréquentes, dont les agents ne se distinguaient pas moins par leur rapacité que par ce qu'ils appelaient leur patriotisme, il résolut de se défaire d'une médaille d'or dont l'avait gratifié, quelques années auparavant, l'impératrice Catherine II. Il se présente chez feu M. Jean-Baptiste Dumoutet, orfèvre, pour échanger ce monument de la munificence d'une princesse tant célébrée par les encyclopédistes, contre la valeur qu'il représentait en monnaie du temps, c'est-à-dire en papier. L'orfèvre examine la pièce, en admire le travail, et la remettant aux mains du savant : « Il n'est pas possible, lui dit-il, que vous n'éprouviez quelque regret de vous séparer d'une médaille dont la possession vous honore; votre médaille pèse un marc : si vous avez momentanément besoin de la somme que vous en retireriez en la vendant, je tiens cette somme à votre disposition. » Le savant remercie cordialement le généreux industriel, mais il n'en persiste pas moins dans le projet qui l'avait amené. Il déclare d'un ton bien décidé qu'il portera sa médaille à un autre orfèvre, si M. Dumoutet persiste à ne pas vouloir l'acheter. Vaincu par ses instances, M. Dumoutet reçoit la précieuse médaille, et, après en avoir compté la valeur à M. de Lafond, il met le comble à ses honnêtes procédés, en lui déclarant qu'il ne se défera de l'objet qu'il venait d'acquérir, en quelque sorte malgré lui, que le plus tard qu'il pourra, et que, jusqu'à ce moment, il le tiendra toujours à la disposition de son digne propriétaire. Les besoins du commerce de M. Dumoutet le mirent dans la nécessité de fondre l'or de Russie au bout de six mois, mais ce ne fut pas sans en prevenir Lafond ; et sans lui renouveler l'invitation, peu s'en faut que je ne dise la prière, de reprendre sa médaille. « N'en parlons plus, lui répondit celui-ci : le sacrifice en est fait depuis plus de six mois. »

Cependant la position du professeur était devenue plus pénible qu'à aucune autre époque de sa vie. Les classes restaient fermées, et cet état de choses se prolongea durant trois mortelles années. Enfin, un décret du 25 novembre 1795 réorganisa l'instruction publique. Alors se forma l'école centrale, qu'un autre décret du 7 avril précédent avait assurée au département du Cher. Lafond y fut appelé le premier, en qualité de professeur de physique et de chimie expérimentale. Rendu à ses travaux de prédilection et à un auditoire dont il était non moins chéri que respecté, il eut bientôt oublié les mauvais jours qu'il venait de traverser avec le reste de la France. Il reprit la plume, et annonça son réveil au monde savant par l'Examen de quelques principes erronnés en électricité ; Paris, 1796, in-8°.

Véritable sage, simple et modeste en ses vœux, il n'ambitionnait certainement pas le poste auquel une nouvelle organisation de l'instruction le porta en 1803. Une loi rendue le 1er. mai 1802 remplaça les écoles centrales par les lycées, avec cette différence que chaque département avait son école centrale, tandis que la loi portant création des lycées n'en établissait qu'un seul par arrondissement de tribunal d'appel. Un décret du premier consul, en date du 6 mai 1803, ordonna que le lycée affecté au ressort du tribunal supérieur de Bourges serait établi dans les bâtiments de l'école supprimée, qui n'étaient autres que ceux de l'ancien collége royal. Lafond fut mis à la tête du nouvel établissement sous le titre de proviseur. Le conseiller d'état Fourcroy, alors directeur-général de l'instruction publique, ne fut pas étranger à cette nomination ; mais, il faut bien le dire, si le choix de Lafond fut un témoignage honorable de la gratitude de Fourcroy, qui avait été son élève avant d'être son ami, ce même choix était loin de répondre aux besoins d'un établissement naissant. Le premier proviseur du lycée de Bourges était plus que septuagénaire ; dans le cours de sa longue carrière, son administration économique avait été circonscrite dans son petit ménage composé de trois personnes : comment pouvait-on supposer qu'à l'âge de soixante-treize ans il acquerrait l'expérience d'une vaste gestion, et qu'il recouvrerait l'activité nécessaire à une surveillance de tous les jours, de tous les instants ? Les collaborateurs qui lui furent donnés n'étaient pas hommes à lui faciliter l'accomplissement de sa tâche : un censeur sans consistance, un procureur-gérant sans ordre économique, ne faisaient qu'ajouter aux embarras du malheureux proviseur. Lafond avait des droits à la munificence du gouvernement; mais le gouvernement devait s'acquitter envers lui d'une autre manière. L'étoile de l'honneur n'eût pas brillé d'un moindre éclat sur sa poitrine que sur celle de tant de ses disciples ; une pension convenable eût assuré le repos de sa vieillesse. Il n'obtint sa retraite qu'en 1808; encore ne fût-ce pas le gouvernement qui en fit tous les frais.

La ville de Bourges, justement fière de lui avoir donné le jour, lui avait assuré pour logement durant toute sa vie une maison dépendant de l'ancien collège, qui plus tard a fait retour à l'université, et est affectée maintenant à l'académie de Bourges. Ce fut là que le bon père Lafond, comme le nommaient communément ses concitoyens, passa ses dernières années avec sa digne compagne, qui eut la douleur de lui survivre. Les deux époux avaient vécu dans l'union la plus tendre durant environ un demi-siècle : si le bonheur parfait était fait pour l'espèce humaine, ils en auraient joui dans toute sa plénitude. Leur félicité fut altérée par le chagrin de n'avoir point d'enfants ; mais enfin l'action lente, mais sûre, du temps et la résignation de deux époux vertueux aux décrets de la Providence avaient adouci l'amertume de leurs regrets. Une tradition contemporaine qui doit trouver place dans cette notice me force de rappeler ici une circonstance qui pourra sembler puérile à quelques lecteurs, mais que d'autres me reprocheraient peut-être d'avoir omise. Dans une des premières années de son mariage, Mme. de Lafond s'était blessée; son mari conserva dans l'alcohol le fœtus qui avait trahi ses plus chères espérances. Jusque-là rien de plus simple; mais, ce qui semblera plus étrange à tout autre qu'aux observateurs de l'esprit humain, le malheureux père attachait sa destinée à ce débris sans nom, comme Nisus au cheveu d'or que lui attribue l'antique poésie. Or, le 25 janvier 1810, le feu prit dans l'infirmerie du lycée, d'où il se communiqua rapidement au cabinet de physique. C'est là que gisait dans un frêle bocal l'espoir évanoui de Sigaud de Lafond; le feu dévora le vase et ce qu'il renfermait. Le lendemain, le père n'était plus.

Les ravages de l'incendie s'étendirent à ce riche cabinet dont Lafond avait doté sa ville natale, et que l'on n'estimait pas alors à moins de 60,000 francs. Tant de générosité de la part d'un savant qui ne fut jamais riche; tant de leçons publiques qui contribuèrent si puissamment à propager le goût des sciences physiques; tant d'ouvrages, aujourd'hui négligés, mais dont on ne peut contester l'heureuse influence sur ceux qui les ont rendus inutiles; tels sont les titres de Sigaud de Lafond à l'estime de son siècle et à la reconnaissance de la postérité.

M. Méchin-Desquins, juge-de-paix du canton de Sancoins, est le premier qui ait formulé le vœu de voir s'élever, dans la ville de Bourges, un monument destiné à conserver la mémoire du maître dont il s'honore d'être le disciple. Le conseil municipal de Bourges et le conseil général du Cher se sont généreusement associés à ce vœu, en avisant aux moyens de le mettre à exécution. Le premier a consacré à ce noble emploi la somme de 600 fr., et le second celle de 500 fr.

Pour rendre cette notice aussi complète que possible sous le rapport bibliographique, j'ajouterai que Sigaud de Lafond a donné une nouvelle édition, revue par lui, de la Statistique des végétaux, traduite de l'anglais de Hales, par Buffon; qu'il a laissé en manuscrit un Essai sur les Electrophores et les Coélectrophores, et enfin qu'il a lu plusieurs Mémoires à l'ancienne Société d'agriculture, commerce et arts du département du Cher, qui n'ont pas été réunis. Ces Mémoires roulent pour la plupart sur l'électricité appliquée à la médecine.

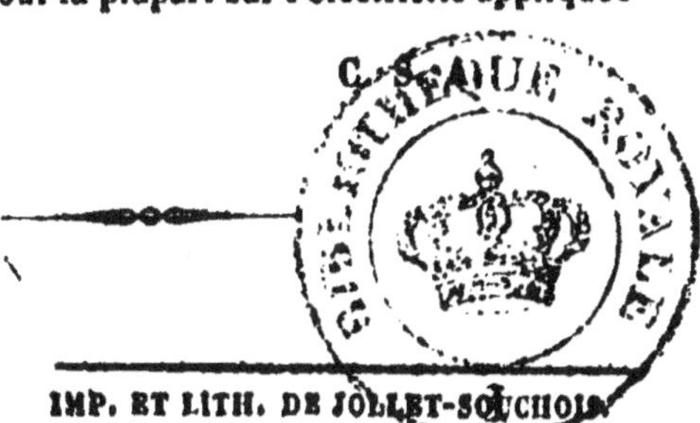

IMP. ET LITH. DE JOLLET-SOUCHOIS